LIVRET-GUIDE

Officiel

Jardin Zoologique

D'ACCLIMATATION

Bois de Boulogne

PUBLIÉ PAR L'ADMINISTRATION

Prix 15 c.

LE JARDIN D'ACCLIMATATION

Est ouvert tous les jours au Public.

PRIX D'ENTRÉE : EN SEMAINE, 1 FR., DIMANCHES, 50 C.

COLLECTION DES ANIMAUX UTILES

De tous les Pays et en particulier de ceux que l'on cherche à acclimater en France

LES ÉLÉPHANTS, CHAMEAUX ET PONEYS NAINS

Sont employés chaque jour à la Promenade des Enfants

GRAND JARDIN D'HIVER, AQUARIUM, MAGNANERIE, CERFS, ANTILOPES, LAMAS, YACKS, ZÈBRES, COQS & POULES, PIGEONS, FAISANS, OISEAUX D'EAU, OISEAUX DE VOLIÈRE, ETC.

Le Jardin d'Acclimatation vend & achète des Animaux

S'adresser aux Bureaux de l'Administration (près la porte d'entrée)

MOYENS DE TRANSPORT

ON SE REND AU JARDIN D'ACCLIMATATION

1º *Par le* **CHEMIN DE FER DE CEINTURE**, *dép. toutes les* 1/2 *h. de chaque gare, et le* **CHEMIN DE FER D'AUTEUIL** (gare Sᵗ-Laz.)

2º *Par les* **OMNIBUS** *de* L'HOTEL-DE-VILLE *à la* **PORTE MAILLOT**

3º *Par les* **TRAMWAYS** *de la* **VILLETTE** *et de* **MONTPARNASSE**, *qui correspondent à la* **PLACE DE L'ÉTOILE** *avec la ligne de* **COURBEVOIE** *et* **SURESNES**.

4º *Par les* **VOITURES DE PLACE ET REMISE**, *au prix du Tarif fixé par la Préfecture et indiqué sur le bulletin délivré au Voyageur.*

Pour ne payer que le prix de Paris, il faut quitter la voiture avant de passer la barrière

Nota. — *Les jours de Concerts* (Jeudis et Dimanches) *l'Administration met à la disposition du Public*

DES OMNIBUS SPÉCIAUX — PRIX : 1 Fr.

On peut retenir ses Places à l'avance aux Bureaux de la Cⁱᵉ générale des Omnibus

8, BOULEVARD DES ITALIENS & RUE BAILLEUL

(Cour d'Aligre) près la rue du Louvre.

On retient ses Places au Bureau spécial situé à l'intérieur du Jardin

POUR LE RETOUR A PARIS.

EN VENTE A LA LIBRAIRIE DU JARDIN

LE JARDIN D'ACCLIMATATION ILLUSTRÉ, PRIX : 10 FRANCS

GUIDE DU PROMENEUR

AU

JARDIN ZOOLOGIQUE

D'ACCLIMATATION

DU

BOIS DE BOULOGNE

LIBRAIRIE SPÉCIALE

DU JARDIN ZOOLOGIQUE D'ACCLIMATATION

—

1877

USINE TUCKER

PARIS. 33, rue   **Doudeauville, 33**

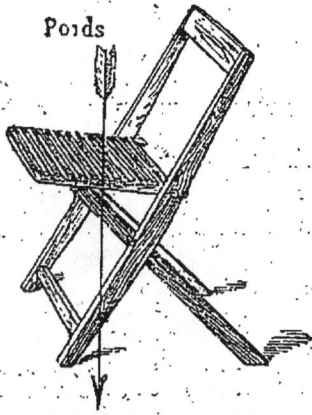

SIÈGES   **DE JARDIN**

MANGEOIRES   **MANGEOIRES**

DE   DE

différentes grandeurs   différentes grandeurs

ÉLEVEUSES longueur 1 m. 40. — Prix : **40** fr.

GUIDE DU PROMENEUR

au

JARDIN ZOOLOGIQUE

D'ACCLIMATATION

Le **Jardin d'Acclimatation** a été fondé pour introduire en France, avec le concours et sous la direction
de la Société d'Acclimatation, les espèces animales
ou végétales, utiles ou agréables, domestiques ou sauvages, les multiplier et les faire connaître au public. Il
répand et vulgarise les meilleurs types, par l'importation
et la vente, et sert d'intermédiaire entre les éleveurs de
la France et ceux des pays voisins. Jusqu'ici, il a dû

1er Mai 1877   Édition n° 16 A

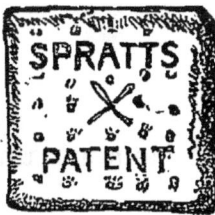

borner ses expériences aux animaux exotiques, mais il y a un champ encore plus vaste à explorer et des résultats plus immédiats à obtenir en s'occupant des animaux agricoles ; c'est ce qu'il ne manquera pas de faire avant peu si la faveur du public et la protection de l'Administration municipale, qui ont porté un si vif intérêt à la renaissance de ce bel établissement, ne lui font pas défaut.

Le Jardin d'Acclimatation est actuellement une des plus belles et des plus intéressantes promenades de

Paris. Fondé au moyen d'un capital d'un million, souscrit en grande partie par les membres de la So-

ciété d'Acclimatation, pour mettre en exploitation une concession, faite de 1858 dans le bois de Boulogne à cinq membres du bureau de cette Société; le Jardin fut inauguré en octobre 1860, par l'empereur Napoléon III.

Le nouvel établissement prit rapidement un grand développement. De tous les pays du globe, des correspondants zélés lui envoyaient des plantes et des animaux de tout genre, souvent fort rares, qui venaient enrichir le domaine de la science pure ou appliquée; dans les exposition dont il prenait l'initiative, il faisait connaître les belles races domestiques et récompensait les types purs; des conférenciers habiles mettaient à la portée du public les questions de zootechnie, d'agriculture ou d'industrie les plus dignes de fixer l'attention. Le siége de Paris et la Commune réduisirent presque à néant le résultat de tant d'années d'efforts; mais aujourd'hui, grâce à une subvention du Conseil municipal, grâce aux améliorations votées par son propre Conseil d'administration, le Jardin d'Acclimatation, sous la direction de M. A. Geoffroy Saint-Hilaire, a retrouvé une nouvelle splendeur.

⁎⁎⁎

Le Jardin d'Acclimatation est situé dans la partie du Bois de Boulogne qui s'étend entre la porte des Sablons et la porte de Neuilly, le long du boulevard Maillot, dont il est séparé par le Saut-de-Loup et par

BERCEAU-PARACHUTE

J. E. BOIVIN

Breveté en Europe et en Amérique

ADMIS DANS LES CRÈCHES

Mention honorable BRUXELLES

Médaille de Bronze 1876

Médaille d'argent à

Marseille 1877

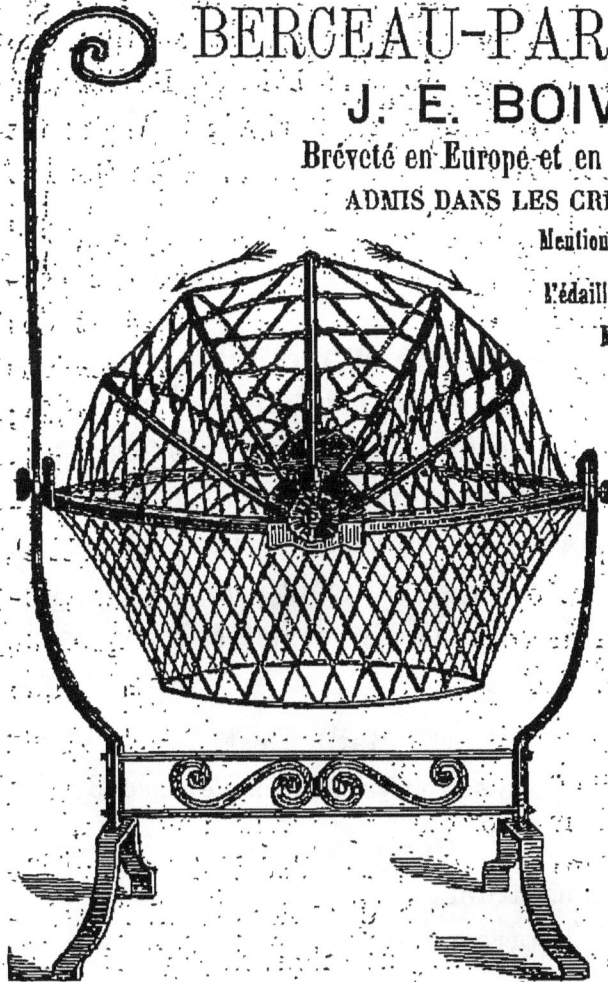

SÉCURITÉ

absolue

CONTRE

CHUTES

ANIMAUX

FEU, ETC.

Adresser toutes demandes à

J. E. BOIVIN, Lauréat de la Société protectrice de l'enfance

106, Boul¹ Richard-Lenoir.—PARIS

le chemin des Érables. L'entrée principale est à quelques pas du pavillon d'Armenonville, près de la porte des Sablons ; une seconde entrée, donnant sur Neuilly et sur Saint-James, débouche près de la porte de Neuilly.

*
 * *

On se rend au Jardin d'Acclimatation 1° Par le Chemin de fer de Ceinture, et par le Chemin de fer d'Auteuil dont les trains partent plusieurs fois par heure et déposent les voyageurs à la station de la **porte Maillot,** ou à la station de l'avenue du Bois de Boulogne ; ces deux stations se trouvent presque à égale distance de l'entrée du Jardin (trajet à pied, en 5 à 6 minutes.)

La station de la Porte-Maillot est desservie par un omnibus qui dépose ses voyageurs à l'entrée du Jardin.

2° Les **omnibus de Paris** conduisent également au Jardin d'Acclimatation. La ligne de l'Hôtel-de-Ville à la Porte-Maillot correspond avec toutes les lignes importantes de Paris, et conduit les promeneurs jusqu'aux fortifications, d'où l'on peut facilement gagner à pied le Jardin d'Acclimatation en 6 minutes.

La ligne des **tramways-Nord,** qui va de la place de l'Étoile et de l'église Saint-Augustin à Courbevoie et Suresnes, dépose ses voyageurs presque à la porte du Jardin, sur l'avenue de Neuilly, au coin de la rue d'Orléans. Ces lignes correspondent : A la place de l'Étoile avec les omnibus de la place de la Bourse à Passy et les tramways de La Villette, et de la gare Montparnasse et a Saint-Augustin avec les omnibus du Chemin de fer de l'Est au Trocadero et, du Panthéon à Courcelles.

3° Les jours de concert, c'est-à-dire les jeudis et dimanches, le public trouvera un grand avantage à se servir des **omnibus spéciaux** que l'administration met à sa disposition. Ces voitures, spacieuses et commodes,

traînées par des attelages de chevaux percherons choisis parmi les plus beaux types de cette race française, font rapidement le trajet et ramènent le public en ville après le concert. Les tarifs de ce service spécial sont de 1 franc pour l'aller et autant pour le retour. On retient les billets de retour au Jardin même, au bureau des omnibus, situé en face des hangars de l'Exposition permanente.

4° Les **voitures de place** (fiacres, remises, etc.) peuvent aussi mener le public au Jardin, de tous les points de Paris; mais si l'on veut payer le prix du tarif de ville, il faut avoir soin de descendre avant d'avoir passé les fortifications, d'où l'on peut facilement gagner le Jardin à pied. Si l'on quitte la voiture de place à la porte du Jardin seulement, il faut payer au cocher le prix de l'heure en dehors des fortifications, plus une indemnité de retour de 1 franc. Si l'on garde la voiture à la porte du jardin pendant le temps de la visite, pour rentrer ensuite dans Paris, l'heure en dehors des fortifications se paye sans indemnité de retour.

Le Jardin d'Acclimatation est ouvert tous les jours au public. Le **prix d'entrée** est en semaine de 1 franc par personne; les dimanches et fêtes de 0 f. 50. Les voitures payent 3 francs pour circuler dans l'établissement.

On peut prendre des **abonnements** à l'année, à raison de 25 francs pour les hommes, 10 fr. pour les dames et les enfants et 20 francs pour les voitures. Les membres de la Société d'Acclimatation (droit d'entrée 10 francs, cotisation annuelle 25 francs), dont

Vue du Rocher des Mouflons

— 12 —

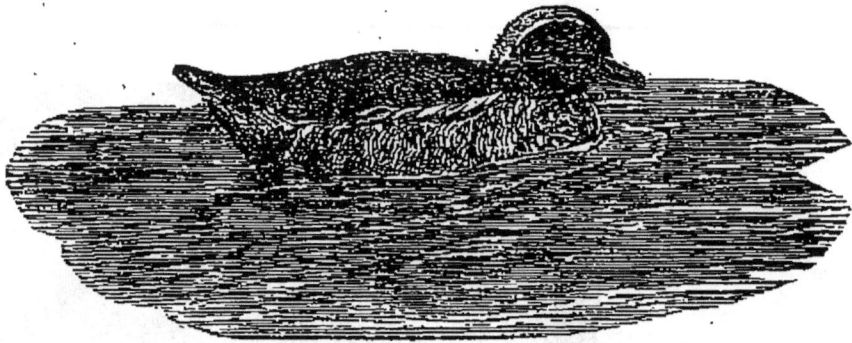

on peut faire partie si l'on est présenté par trois
membres et reçu à la majorité du Conseil, jouissent
d'une entrée personnelle et peuvent prendre pour
leur famille des abonnements à prix réduits. Ils profit
tent encore de différents autres avantages ; une remise
de 10 0/0 leur est faite sur les achats qu'ils font dans
l'établissement; des cheptels de plantes et d'animaux
peuvent leur être confiés; ils reçoivent gratuitement le
Bulletin mensuel de la Société d'Acclimatation, dans le-
quel sont relatées les expériences d'acclimatation, qui
ont lieu dans les différents pays du monde ; il leur est
en outre, adressé, deux fois par mois, une feuille de
faits divers et d'annonces; enfin les membres peuvent
assister aux séances de la Société qui se tiennent au
siége social, rue de Lille, 19.

Après avoir franchi la grille qui forme l'entrée
principale, le visiteur se trouve en face d'une belle
avenue carrossable de 10 mètres de largeur, qui fait
le tour du Jardin, et dans cette artère principale vient

aboutir tout le réseau d'allées et de sentiers qui,
contournant les parcs, mènent aux différentes constructions et fabriques de l'établissement.

A gauche, se trouve la **Grande Serre** ou Jardin d'hiver, une des plus belles construction de ce genre,
connue autrefois dans le village de Villiers, où elle
avait été primitivement établie par les frères Lemichez,
sous le nom de Palais des Fleurs. On transporta cette
serre au Jardin d'Acclimatation quelques temps après
sa fondation, en 1861, et elle abrite une collection de
camélias admirables qui, pendant la saison de printemps
tapissent de millier de fleurs ses immenses panneaux
vitrés.

C'est un véritable coin de la Terre Promise que cette
belle serre, où une importante collection de plantes

LA JEUNE MÈRE

ou

L'Éducation du premier Age

JOURNAL ILLUSTRÉ DE L'ENFANCE

Paraissant le 1er de chaque mois

RÉDACTEUR EN CHEF : **Docteur BROCHARD** ✳,

LAURÉAT DE L'INSTITUT,

DE LA SOCIÉTÉ PROTECTRICE DE L'ENFANCE,

PROFESSEUR LIBRE A LA FACULTÉ DE MÉDECINE DE PARIS.

Prix de l'Abonnement : **SIX FR. PAR AN**, à la librairie E. PLON et Cᵉ, 10, RUE GARANCIÈRE. Les abonnements partent du 1ᵉʳ Novembre. *Un Numéro Spécimen est envoyé gratis sur toute demande par lettre affranchie.*

MAISON RENAUD

Fondée en 1837

J. LEDOUBLE, SUCCESSEUR

SELLIER-HARNACHEUR

Articles de Sport, de Chasse et de Fantaisie

LACET-FREIN

EMPÊCHANT LES CHEVAUX DE S'EMPORTER

Breveté s. g. d. g.

25 et 27, Galerie d'Orléans, Palais-Royal

PARIS

et d'arbres exotiques est abritée contre les froids trop rigoureux de nos hivers. Pendant la mauvaise saison, cette serre constitue à elle seule, non seulement un charmant abri pour les visiteurs, mais une véritable promenade dans une douce température, à l'ombre des arbres verts de l'Australie, aux formes si originales, dans de petits sentiers sablés qui circulent entre les troncs de fougères arborescentes, des lataniers aux larges feuilles en éventail, des eucalyptes parfumés dont la croissance est si rapide. Toujours quelque fleur nouvelle vient remplacer dans la serre la fleur fanée.

Le fond de la serre est occupé par une **grotte** dans laquelle va se perdre le ruisseau qui serpente au milieu des massifs de capillaires ; à droite, se trouve un **cabinet de lecture**, où les journaux de Paris et des publications diverses sont mises à la disposition des visiteurs.

A gauche, la **librairie spéciale** du Jardin d'Acclima-

2

RÉCOMPENSE NATIONALE DE **16,600** FR.
GRANDE MÉDAILLE D'OR A T. LAROCHE

Chère malade, c'est bien le véritable QUINA LAROCHE;
il vous rendra la santé et vos belles couleurs

tation, où l'on trouvera toutes les publications traitant d'agriculture, de zootechnie, d'histoire naturelle, de voyages, d'économie industrielle et domestique édités chez les différents libraires de Paris ou de l'étranger. Cet établissement est particulièrement utile et commode pour le public, qui peut, en un coup d'œil, embrasser dans les vitrines de la librairie du Jardin d'Acclimatation ce qui a été publié sur un sujet quelconque, et s'éviter ainsi des recherches longues et souvent infructueuses, soit dans des catalogues, soit dans des magasins.

A droite, à l'entrée principale du Jardin en face de la serre, on trouve les bâtiments d'exploitation, les **bureaux** de la direction, la caisse, le bureau des ventes, auxquels on peut avoir accès sans pénétrer dans le Jardin, en passant par le pavillon des contrôleurs, qui se trouve à droite de la grille. C'est aux bureaux que le public doit s'adresser pour les achats d'animaux, de volatiles, d'œufs, de plantes, pour les abonnements, les billets les expositions, et pour tous les renseignements en général.

Dans une partie des bâtiments d'exploitation faisant face au Jardin, est installée la **magnanerie**; on y trouve, dans des casiers clayonnés, les vers à soie que l'on élève dans les divers pays du monde. La domestication du ver à soie est une des plus anciennes. D'après Stanislas Julien, l'invention de la sériciculture remonterait à plus de quarante-cinq siècles. C'est au VIme siècle que les vers à soie furent introduits

en Europe par deux moines qui apportèrent les œufs,
que l'on désigne sous le nom de graine, à Constanti-
nople; le pape Clément V les introduisit à Avignon
au commencement du XIVme siècle, et Sully établit une
magnanerie dans le Jardin des Tuileries sous le règne
de Henri IV. On peut suivre, selon la saison, les diverses opérations de la sériciculture à la magnanerie
du Jardin d'Acclimatation, aussi bien que les phases
de l'éducation de presque tous les bombyx. Outre les
variétés domestique dus ver à soie du mûrier, on y re-
marque : le ver à soie du chêne du Japon ou *Attacus ya-*
ma-maï, précieuse espèce qui pourra, peut-être, un
jour doter nos département septentrionaux de l'industrie séricicole ; le *ver à soie du chêne de la Chine* ou
Attacus Pèrnyi, le *ver à soie de l'ailante* ou vernis du
Japon, le *ver à soie duricin*, le *Myllitta* de l'Inde, le *Cé-*
cropia de l'Amérique du Nord, etc.

En sortant de la magnanerie on trouve immédiatement l'établissement de M. Odile Martin pour **l'en-**
graissement mécanique des volailles. L'entrée de
cet établissement, créé pour vulgariser dans les
maisons particulières l'emploi d'un appareil essentiel-
lement pratique, coûte 0 f. 50, par personne; car, en vue
de subvenir en partie aux dépenses de cet inventeur,
qui a construit cet établissement à ses propres frais,
l'Administration du Jardin l'a autorisé, pour un certain
temps, à percevoir un droit d'entrée spécial. L'intérieur du bâtiment consacré à l'engraissement des
volailles est occupé par six gigantesques épinettes
tournantes contenant douze cent soixante oiseaux. Au

Grande Épinette tournante de M. O. Martin

moyen d'un ascenseur monté sur chemin de fer,
l'homme qui gave les volailles peut facilement s'élever

BARBERON

à portée de chacun des poulets qui garnissent les compartiments de ces épinettes; il introduit une lance en
caoutchouc dans le bec de l'oiseau, et, en pressant
une pédale, il envoie dans l'estomac de la volaille la
quantité de nourriture nécessaire, il est guidé dans cette

Chimpanzè

opération par l'aiguille d'un indicateur qui marque en centilitres la ration absorbée. On peut nourrir ainsi quatre cents poulets par heure, et les volailles ne souffrent pas de cette opération. M. Martin, qui a obtenu trois années de suite une grande médaille d'or au concours général agricole de Paris, fabrique et vend des appareils pour 12, 30, 60 et 210 volailles ; on peut voir exposés dans son établissement au Jardin d'Acclimatation les appareils mis en vente.

*
* *

A' la suite de l'établissement d'engraissement, viennent quatre grands **hangars** destinés à des expositions d'objets rustiques ou agricoles, où l'on trouve tout ce qui peut servir à l'ornement des parcs et des jardin, à l'elevage des animaux, à la culture des plantes.

*
* *

On arrive ensuite à la **singerie** , maisonnette carrée, de 15 mètres de long sur 9 de large, entièrement revêtue, extérieurement et intérieurement de plaques de faïence pour empêcher les murs de s'imprégner d'odeurs délétères. On entre dans le bâtiment par derriére en passant par des portes à tambour disposées de façon à empêcher les courants d'air. La façade de la singerie est occupée par un grand ébat grillé où l'on ne laisse guère en liberté que les espèces rustiques telles que les *cynocéphales, babouins* et *macaques*. Dans les

quatre comparti
ments intérieur
on trouve de
sajous, singes
queue prenant
du Nouveau
Monde ; des *atè
les*, ou singe
araignées, ains
désignés à caus
de la longueur d
leurs membres
des *saïmiris*, ra
vissante petit
espèce du Brésil
mais d'une taill
supérieureà cell
des *ouistitis* qu
comptent dan
l'établissement
plusieurs varié
tés curiueses, e
autres le *singe-lion*
dont la longue fourrure dorée, d'un roux éclatant, es
une des plus douces et des plus soyeuses que l'on puiss
voir. Dans d'autres compartiments sont des écureils, e
notamment l'*écureuil gris*, dont la peau fournit la four
rure dite *petit-gris* ou *vair*.

En face de la singerie, de l'autre côté du grand che
min, se trouvent des **parquets pour les échassiers** e

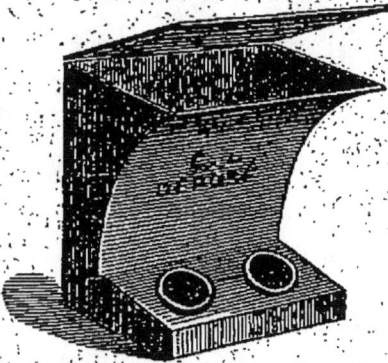

oiseaux de rivage. Nous y voyons des *hérons*, des *cigognes*, des *spatules*, des *vanneaux*, des *combattants*, les uns utiles comme oiseaux d'ornement ou destructeurs d'insectes dans les jardins, les autres fournissant à nos tables un gibier excellent. Les *outardes* pourront même, sans doute, un jour être réduites en domesticité et enrichir nos basses-cours. Dans les parcs qui bornent le grand chemin à gauche de la

Châlet des Cigognes

route en descendant vers les faisanderies, on peut voir une belle série de *grues* venant de tous les points du globe. Presque toutes ces espèces sont éminemment ornementales, supportent bien la captivité et se décident même à nicher.

* *

Dans le même rayon nous trouvons les *casoars*, les *autruches* et les *nandous*. Les casoars *d'Australie* se reproduisent maintenant fréquemment dans notre climat et s'élèvent facilement; leurs œufs, un peu moins gros que les œufs d'autruche, ont une coquille

rugueuse et d'un beau vert foncé. Ils pondent au commencement de l'hiver, qui correspond au printemps d'Australie, et on les voit couver parfois au milieu de la neige. Le mâle prend part à l'incubation; l'éclosion n'arrrive qu'après 63 jours.

En Algérie et au Cap, les tentatives faites pour domestiquer *l'autruche* ont pleinement réussi; on comprend de quelle importance peut être son élevage lorsque l'on songe qu'en 1870 le Cap a exporté pour 2, 176, 850 francs de ces plumes, et en 1874 pour 5, 141, 000 francs. Or, ces plumes proviennent pour la plupart d'oiseaux élevés en

captivité. Avec 24 oiseaux reproducteurs, un éducateur a mené à bien 200 élèves bien portants en une seule saison, et en 1872 M. Douglas a obtenu de 2 mâles et 4 femelles, 130 autruches. Partout, les résultats ont été tels que, dans toutes les colonies de l'Afrique méridionale on ne songe qu'à former des parcs à autruches et on se dispute les reproducteurs. Or, le casoar d'Australie, qui supporte à merveille notre climat froid, pourrait donner chez nous des résultats analogues.

* *

Entre le parc des petits échassiers et celui des

grues, nous devons signaler la présence du *talégalle* ou dindon d'Australie, qui ne couve pas ses œufs, mais les dépose dans une meule d'herbages et de détritus en décomposition qu'il amasse grâce à ses pattes robustes. La chaleur de la fermentation suffit pour faire éclore les jeunes. Cependant le mâle qui prend un intérêt tout spécial à la construction de ce couvoir artificiel, n'abandonne pas son œuvre et suit les pro-

Châlet des Grues

grès de l'incubation avec autant de soin qu'un cuisinier surveillant ses fourneaux.

* *
*

Les **faisanderies** sont situées un peu plus bas sur la droite; elles sont au nombre de quatre et renferment les gallinacés les plus rares, comme aussi les plus communs, car beaucoup de chassseurs viennent demander au Jardin de repeupler leurs tirés.

Parmi les faisans les plus récemment introduits, il

faut citer en première ligne le *faisan de lady Amherst.*
et les croisements de demi-sang et de quart de sang que l'on en a obtenus. Ils habitent des compartiments de la grande faisanderie, derrière la statue de Daubenton.

Les *faisans de Swinhoë*, de *l'île Formose*, le *versicolore* du Japon, les diverses variétés d'*euplocomes* peuplent ces divers parquets; mais le magnifique *faisan vénéré* de la Chine fixera l'attention d'autant plus qu'avant quelques années d'ici on peut compter le voir tout à fait naturalisé dans nos bois.

* *

Les *lophophores* de l'Himalaya, les *perdrix* les *francolins*, de

Faisan vénéré

nombreuses espèces de *colombes* et des *perruches* de toutes les couleurs, complètent la population des diverses faisanderies. La plus grande de ces constructions est terminée à chaque extrémité par deux ailes ou grands pavillons affectés spécialement l'un aux *ibis, flammands* et *échassiers rares*, l'autre aux *hoccos* et gros gallinacés. L'ibis sacré est celui que les Égyptiens vénéraient comme une divinité bienfaisante, car son apparition coïncidait avec les inondations du Nil. Lorsque les ibis entretenus dans les temples venaient à mourir, on les embaumait

avec soin et on les enterrait dans des nécropoles spéciales dont Hermopolis était la principale. L'*ibis rouge* vient de l'Amérique du Sud s'il n'a pas inspiré le même culte que

NE VOYAGEZ PAS SANS LE GUIDE CONTY

— Ce papier ne me suffit pas, et il me faut des références plus sérieuses.
— Mais vous voyez bien que j'ai le Guide Conty!!!
— Alors, madame, c'est superlatif et plus que suffisant.....

LIBRAIRIE ET ADMINISTRATION
Paris, 11, Boulevard Montmartre.

l'ibis sacré, il n'en est pas moins l'objet d'une grande
admiration à cause de l'éclat de ses plumes. Presque
tous les ans, les ibis roses pondent et couvent sur les
arbres qui ornent leur parquet.

* * *

En face des Faisanderies, se dresse la statue en
marbre blanc de Daubenton, né à Montbard en 1716,
mort à Paris en 1800. Le premier, il chercha l'applica-
tion pratique des sciences naturelles, et c'est à ses

efforts que nous devons la conquête du mérinos. Cette
statue, élevée par souscription, est due au ciseau de
M. Godin.

* * *

Ce beau marbre est placé vi-à-vis des parcs de la
bergerie; il faut jeter un coup d'œil sur le mouton
de Chine *Ty-ang*, qui est si prolifique; le mérinos

Graux de Mauchamp, variété obtenue par l'éleveur de
ce nom en perpétuant héréditairement et en améliorant
par sélection certains caractères dus à une monstruo-
sité fortuite; le mouton *Romanoff gris* de Russie et
les *Astrakans* si connus pour leur fourrure. Il y a un
beau troupeau de chèvres ramenés de Suisse; les
chèvres couleur nankin de *Toggenburg,* remarquables
pour leurs qualités laitières et l'excellence de leur lait;
puis, contre la rivière, les petites chèvres de race
naine de la côte d'Afrique, de l'Inde, de Java, véri-
tables joujoux, moins gros, certes, que quelques-uns
de ceux que l'on donne en cadeaux d'étrennes. Il est
ravissant de voir bondir autour de ces petites bêtes
leurs cabris microscopiques.

*
* *

Non loin de là s'élève un grand rocher exécuté par
M. Teiton, qui domine une petite rivière sinueuse.
C'est là que chaque jour à heure fixe les *Cormorans*
sont exercés à la pêche. Le cou de ces oiseaux est
garni d'un collier qui les empêche d'avaler le poisson
qu'ils ont capturé après l'avoir poursuivi dans la pro-
fondeur des eaux.

La pêche au *Cormoran* était un sport aimé des an-
ciens rois de France, mais il était tombé en désuétude
et n'était plus pratiqué, dans ces dernières années,
que par des pêcheurs de la Chine. Aujourd'hui, nombre
d'amateurs se livrent à la pêche au *Cormoran.*

Ces oiseaux peuvent arriver à un dressage parfait.
On cite des *Cormorans* qui, les ailes entières, vont

pêcher loin de la vue de leur maître et reviennent
à tire d'ailes se percher sur le poing et déposer le
produit de leur quête.

*
* *

A droite, faisant suite aux Faisanderies, vient la
poulerie, bâtiment monolithe, en béton Coignet, de
forme semi-circulaire, admirablement adapté au service auquel il est destiné, car, frais pendant l'été,
chaud pendant l'hiver, il ne présente pas un joint où
les insectes parasites puissent se nicher. On retrouve
dans ces parquets tous les types des races gallines,
les espèces de produit telles que le *Crève-cœur*, la
Flèche, le *Caussade*. l'*Andalou*, et le *Houdan* aussi bien

que les *Poules huppées* dites de *Padoue*, les *Bentams*,
les *Nangasaki*, et les *Vallikikis sans queue* qui sont

particulièrement des types de luxe. Nous signalerons
parmi les acquisitions récentes la race à queue traî-
nante de Yokohama et les Cochinchinois noirs, im-
portés du Nord de la Chine et désignés sous le nom
de *Langshan.* Les parquets de la façade sont spécialement réservés aux volailles de luxe et d'agrément; ceux de l'arrière, au volailles de ferme et
de produit. Les œufs, recueillis avec soin, sont l'objet
d'un commerce important pour le jardin pendant
toute la saison des couvées, car les reproducteurs

de premier choix ne sont pas à la portée de toutes
les bourses, et beaucoup d'amateurs aiment mieux risquer une somme plus faible sur une convée d'œufs, qui
présente d'ailleurs toutes les chances de réussite. (Demander le tarif des œufs aux bureaux de la direction.) Convenablement emballés, les œufs peuvent supporter de très-
longs trajets sans que le germe soit détruit; et quoique les
risques soient, bien entendu, proportionnels aux cahots

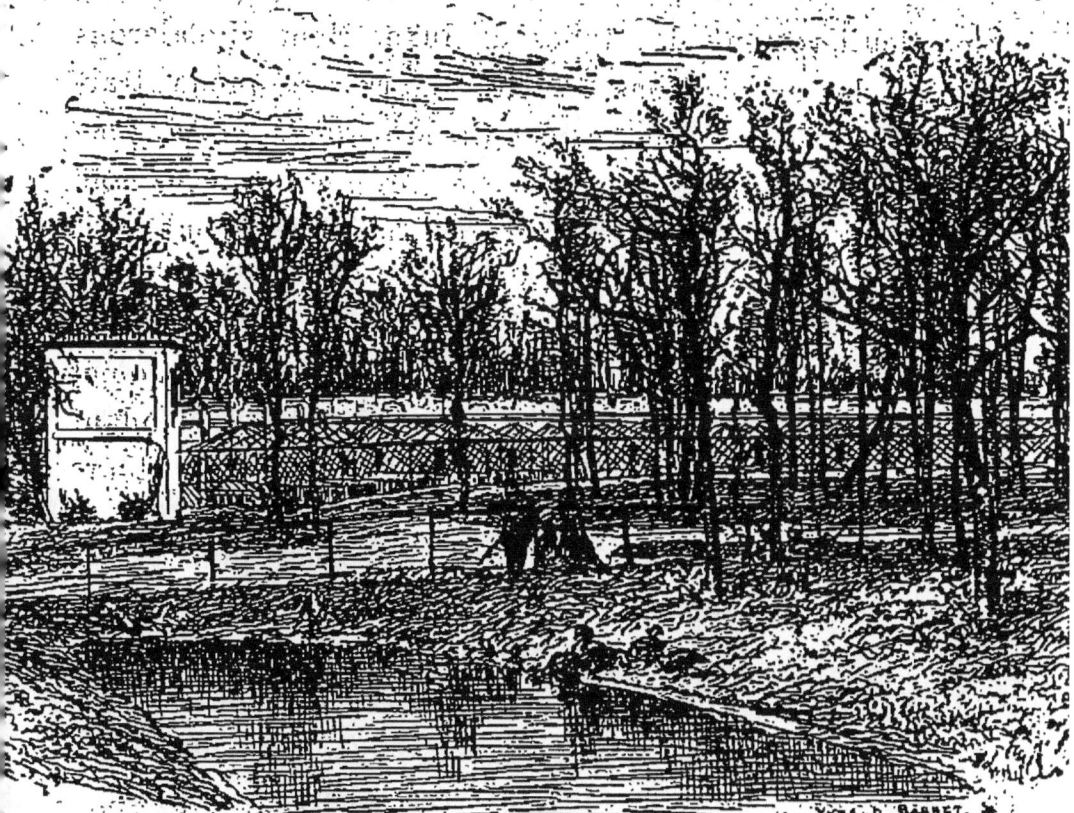

Vue de la Poulerie

de la route, nous avons vu des couvées envoyé
aux Etats-Unis donner à l'incubation une rér
que complète.

*
* *

Les parquets de la Poulerie sont complét
collection de *pigeons de ferme et de volièr*
nombreuse que l'on ait jamais réunie. C
les pigeons que nous voyons la fantaisie de
prendre les proportions les plus inouïes, et l
qui répondent à certain idéal se payent ar
l'or. A ce compte, tel pâté de pigeons consti
plat d'une prodigalité bien plus excessive
meuse perle de la reine d'Egypte, Cléopâtre.
attiré par toutes ces formes étranges, ces
coquets; mais il ne faut pas oublier de salu
sage les *pigeons voyageurs* du siége de
hauts faits de ces chers volatiles, dont
moururent glorieusement au champ d'hon
retracés dans les bulletins de la Société d'Accl
Il en est qui franchirent à plusieurs reprises
prussiennes, porteurs de ces dépêches micr
photographiées par M. Dagron sur des pel
collodion si légères, que les 115,000 dépêc
pendant le siége ne dépasseraient pas à elles
poids d'un gramme. Les grands Etats de l'Eu
pressèrent, à la suite du siége de Paris, d'org
pigeonniers militaires : en France, on a pro
lentement à cette organisation. Le **colombie**
qui s'élève maintenant au Jardin d'Acclimatat
bord de la rivière, est une élégante construct

Colombier central

ques et fer, formant une tour de plus de trente mètre
de hauteur sur six mètres de diamètre, divisée en quatr
étages. A l'intérieur sont disposées des niches pou
quatre cent couples de pigeons ; tout le service se fait a
moyen d'un ascenseur qui permet de simplifier cons

dérablement la main-d'œuvre. Les combles de la toiture en champignon sont réservés aux pigeons, qui, nés dans l'établissement, jouissent de leur liberté et servent à mettre le pigeonnier central en communication constante avec ses succursales ; enfin le toit lui-même est surmonté **d'appareils météorologiques,** construits par la maison Breguet, destinés à inscrire sur des cylindres enregistreurs, placés au pied de la tour, les variations de l'atmosphère. Ces appareils sont : un barométrographe, un thermométrographe, un anémométrographe, une girouette enregistrante, un pluviométrographe, un hygromètre et divers instruments accessoires.

* * *

La rivière passe sous la grande allée carrossable au bout de la poulerie, et l'on trouve immédiatement après, à droite, le **chalet des Kangurous** ; à gauche, le parc des chèvres naines. Les *Kangurous* sont les plus remarquables représentants de l'ordre des marsupiaux, ainsi nommés à cause d'une poche profonde formée par la peau du ventre des animaux qui le composent, et dans laquelle, greffés sur la tétine de la mamelle, les jeunes, qui naissent dans un état de développement très-imparfait, achèvent leur développement avant de venir au jour. Les *Kangurous* appartiennent tous à l'Australie et aux îles voisines, où ils semblent tenir la place que les ruminants occupent dans le vieux monde ; ils ont les membres postérieurs très-développés, et, en s'aidant de leur queue, qui leur sert tour à tour de point d'appui dans le repos, de tremplin au départ, de balancier pour la course, ils franchissent d'un seul bond des distances énormes. Les espèces de *Kangurous* sont très-nombreuses et presque toutes sont représenteés au Jardin. Nous signalerons spécialement le *Kangurou géant*, le *Kangurou rouge* au pelage laineux et le *Pétrogale* au pelage zébré de blanc, de noir et de jaune pâle.

*
* *

Sur un des côtés du carrefour qui se développe devant le chalet des Kangurous, on peut voir un admirable spécimen du *Sequoia gigantea*, le sapin géant de Californie. Ce spécimen, donné en 1869 par M. André Leroy (d'Angers) a aujourd'hui 18 mètres de hauteur. Il a poussé d'environ un mètre par an. Les *Sequoia* se sont rapidement multipliés chez nos pépiniéristes ; ils n'existent à l'état sauvage que sur un seul point de la Californie, dans la vallée de Caláveras, où l'on en compte environ six cents s'élevant en un seul massif comme les tuyaux d'un orgue gigantesque ; les plus beaux ont été désignés par un nom propre ; le *Grizzly* a 11 mètres de diamètre et 110 mètres de hauteur ; sa première branche est à 70 mètres du sol. « Or 110 mètres représentant deux fois la hauteur de la tour Saint-Jacques. » a fait observer M. le comte de Beauvoir dans le récit qu'il fait de sa visite à la vallée de Calaveras.

*
* *

Derrière le *Sequoia* gigantesque est **l'écurie des poneys** et des chevaux de race naine, précédée par la Sellerie proprement dite et la Sellerie de service, qui

Promenades enfantines au Jardin zoologique d'Acclimatation

contiennent des harnachements pour 80 chevaux, et dont les murailles sont ornées d'une intéressante collection de cornes et de bois des gigantesques ruminants de l'Afrique et de l'Inde.

La collection de poneys se compose de soixante-dix animaux des petites races de Java, de Siam, d'Ecosse, d'Islande, des Landes, de l'Ile-Dieu, de la Russie, etc.

Ces chevaux nains suffisent à tous les besoins des services intérieurs et extérieurs de l'établissement.

L'énergie de ces petits animaux est extrême ils traînent des poids relativement considérables et leurs al-

lures sont rapides. Le ration est pourtant peu onéreuse car trois litres d'avoine suffisent.

*
* *

A droite de l'écurie des poneys est une **gymnastique** installée et entretenue par M. Paz, dont les trapèzes, barres, cordes à nœud, etc., sont abandonnés au libre usage des enfants, qui s'y amusent en attendant leur tour de **promenade sur les éléphants**, les chameaux et les autres montures que l'Administration met à leur disposition sous la surveillance et la conduite des gardiens. Les

4

tarifs sont fixés pour chaque tour ainsi qu'il suit : Chameaux, 50 c.; éléphant, 25 c.; voiture à autruche, 50 c.;

voiture des ânes et zébus, 25 c.; chevaux de selle,
50 c.; On prend les billets et les numéros d'ordre dans

un kiosque situé à quelques pas du lieu où se trouvent les animaux employés. Les *éléphants* d'Afrique, que l'on a baptisés familièrement « Roméo et Juliette » sont un cadeau de S. M. le roi d'Italie au Jardin; ils remplacent ceux qui furent mangés pendant le siége, et que le public connaissait sous les noms de Castor et Pollux. Roméo et Juliette sont encore jeunes et atteindront par la suite une très-grande taille.

Plusieurs des *dromadaires* du Jardin ont été en

voyés d'Algérie par le général comte de Lacroix-Vaubois, et proviennent de razzias faites sur les tribus révoltées du Sud. Il en est de même de l'autruche que l'on a pu dresser à traîner une petite voiture et qui s'acquitte très-bien de cette tâche.

Nous attirerons particulièrement l'attention sur un attelage de petits *zébus trotteurs*, de l'Inde. En Cochin-

Zébus de l'Inde ou vache brahmine

chine et dans l'Inde, les courriers des postes se servent souvent de zébus comme bêtes de trait et de selle et parcourent rapidement, grâce à eux, de grandes distances.

**

Auprès de la grande écurie qui sert d'habitation aux animaux que nous venons de nommer, nous trouvons encore les *Yaks* ou *Bœufs à queue de cheval* du Thibet, qui, dans les hautes montagnes de leur pays natal sont des animaux auxiliaires des plus utiles, non seulement ils trainent comme nos bœufs, mais ils peuvent être employés comme animaux de bât. Ils fournissent en

Pécari à collier

outre un duvet d'une finesse telle qu'il peut lutter avec avantage contre celui de la chèvre de Cachemire.

Le croisement du Yack avec le Zébu a reçu le nom de Dzo, ce *mulet bovin* est l'animal le plus usité dans les montagnes du Haut-Thibet, comme le *mulet chevalin* est l'animal par excellence des régions montagneuses de l'Europe.

Puis il y a encore les *Tapirs* de l'Amérique du Sud, les *Phacochères*, sangliers de la côte d'Afrique; les premiers sont aussi doux et timides que les seconds sont vifs, énergiques et pétulants.

Les *Zèbres de Burchell* ou *Dauws*, du Cap de Bonne-

Espérance habitent aussi les écuries. Ils sont aujourd'hui parfaitement dressés et sont utilisés non seulement aux travaux intérieurs du Jardin, mais encore aux transports extérieurs. Ils vont plusieurs fois par semaine aux gares des chemins de fer, leur sauvagerie naturelle disparaît peu à peu.

La force de ces animaux est tout à fait surprenante et les services qu'on en obtient rendent très désirable que cette espèce puisse être utilisée pour les besoins de l'agriculture.

*
* *

A côté des Zèbres se voient les *Hémiones* ou ânes sauvages des steppes de la Haute-Asie et de la Mongolie, animaux jusqu'ici indomptables mais que l'on espère soumettre en les élevant en captivité, et qui ont, en

Antilope Guib

attendant, fourni par le croisement avec l'âne ordinaire
de très-intéressants métis.

*
* *

La collection de mulets provenant du croisement
des différentes espèces de solipèdes, est la première de
ce genre et l'une des plus curieuses que l'on puisse
voir. On y trouve les produits de la *mule féconde* avec
le cheval et avec l'âne, les croisements du zèbre, de
l'âne, de l'hémione, etc.

HOPITAL TRUAUT

———→+>>✕<<+←———

TRAITEMENT SPÉCIAL

DES

MALADIES DES CHIENS

Cabinet de Consultations

7, *Avenue des Ternes, à Paris*

DE 1 H. A 4 H.

INFIRMERIE: QUAI de SEINE

(Angle de la rue de Villiers)

A LEVALLOIS-PERRET

———⊲◦●◦⊳———

Établissement recommandable par sa situation et
on installion hygièniques et confortabls.

La partie droite de la grande écurie est habitée par une troupe de girafes, qui compte cinq individus ayant presque atteint toute leur croissance et qui furent ramenés d'Abyssinie en 1872.

* * *

En avant des Ecuries, de l'autre côté du grand chemin de ronde, s'étend une large pelouse, qui sert pendant la journée à faire paître les différents habitants des étables. Le **chalet des alpacas** et des **lamas**, le **rocher des porcs-épics, le parc des rennes** complètent le groupe des fabriques situé autour de la grande écurie.

Les *Lamas* sont les chameaux du Nouveau-Monde; ils habitent les hauts plateaux de la chaîne des Cordillières, ne descendant jusque dans les pampas de la Patagonie qu'au sud des Andes. Nous en connaissons quatre espèces bien distinctes : deux vivent à l'état sauvage, le *Guanaco* et la *Vigogne;* deux autres, le *Lama* et l'*Alpaca*, ont été de temps immémorial domestiquées par les Indiens. Il suffit de parpeler que c'est à ces animaux qu'on doit les riches toisons dont on fait de si beaux tissus dans les manufactures européennes; dans leur pays, on utilise encore les lamas, comme bêtes de bat, à porter des fardeaux.

* * *

Le bois de sapins que l'on traverse en sortant de la

grande écurie est habité par les *Rennes.* Ces animaux rendent aux Lapons et aux Finnois les services du cheval, du chameau et du bœuf. Il y en a de sauvages et de domestiques; ceux-ci fournissent des vêtements chauds et souples, du lait, de la viande, des attelages;

les Lapons norvégiens en possèdent environ 79,000, d'après les relevés officiels.

Derrière le parc des rennes, est plantée une importante collection de **vignes** qui proviennent de la pépinière du Luxembourg. L'empereur donna cette collection à M. Drouyn de Lhuys pour le Jardin en 1867; elle avait été commencée avant 1789 par les chartreux

et se composait de près de deux mille variétés que l'on a
pu réduire à moins de quinze cents, lorsqu'au moment
de la transplantation du Jardin, M. A. Rivière, le jardi-
nier en chef du Luxembourg en refit le catalogue et sup-
prima les duplicata. Le Jardin est en mesure de fournir
aux amateurs, mais en petites quantités, des sarments,
crossettes et chevelées de toutes ces variétés de vignes.

*
* *

En face du parc des rennes, se trouve le **rocher
artificiel** où les *Mouflons* et les *Chamois* retrouvent en
petit les sommets escarpés des Pyrénées et des Alpes.
Leur imagination complète sans doute ce qui manque
à la réalité, car ils y vivent parfaitement heureux, et
les mouflons de Corse, de Sardaigne, d'Algérie, les
Isards des Pyrénées, les *Bouquetins* des Alpes, se
poursuivent, sur les crêtes abruptes que forment ces
blocs de pierres, groupés par la main de l'homme
avec assez d'art pour leur faire illusion.

*
* *

Entre le rocher et l'aquarium s'élève une construction
singulière, véritable antre des troupeaux de Protée.
Là, pour la première fois, le public parisien a pu voir
les fameuses *Otaries* on *Lions de mer* des glaces po-
laires. Ils viennent des côtes septentrionales de la
Californie et rappellent par leurs formes étranges les
grands animaux antédiluviens. Ils n'ont point de pattes,
mais des nageoires dont ils se servent cependant

comme les quadrupèdes de leurs membres, et leu
agilité sur terre ne rappelle en rien la marche lent
des phoques ordinaires qui ne peuvent que se traîne
péniblement sur le ventre. Les *Otaries*, dont la docilit
à leur gardien est particulièrement étrange, monten
en quelques bonds au sommet du rocher qui surplomb

leur bassin d'une contenance de 200,000 litres environ
et sur un signe, se précipitent dans l'eau la tête la pre
mière. Là les otaries redeviennent de vraies sirènes ; bon
dissant hors de l'élément liquide comme des poisson
volants, elles retombent en décrivant des courbes gra
cieuses et en faisant jaillir l'écume autour d'elles. O
peut facilement distinguer les *Phoques* des *Otaries* et i
est intéressant de comparer la différence de leurs allure
depuis qu'on les a réunis dans le même bassin. Tou
savent à merveille l'heure où le gardien leur porte
manger, et quand vous les voyez nager brusquement e
tous sens, se dresser hors de l'eau et tourner la tête d

côté de l'aquarium, vous pouvez être aussi certain que l'heure du repas va sonner que si vous aviez regardé votre montre.

*
* *

Revenant dans le grand chemin de ronde, nous trouvons à droite, la **laiterie**, l'**aquarium** et le **buffet**, en face du parc des Antilopes. La laiterie est très-fréquentée pendant la belle saison ; il s'y débite jusqu'à 600 tasses de lait par jour, sortant tout chaud et mousseux du pis de la vache. C'est le régal des promeneurs grands et petits qui affluent autour des petites vaches bretonneset de leur jolie laitière. Ces vaches sont chaque jour mises en plein air dans les parcs de l'établissement elles fournissent un lait crêmeux très-apprécié non-seulement de ceux qui le font traire sous leurs yeux pour le boire tout chaud, mais encore des personnes qui se le font porter à domicile.

Le lait est livré dans Paris deux fois par jour, matin et soir, dans des vases cachetés et plombés, c'est-à-dire avec toutes les garanties possibles de pureté.

On peut ainsi se procurer, en s'adressant aux *bureaux de la direction* un lait parfaitement sain et pur pour les malades et pour les jeunes enfants.

*
* *

L'**Aquarium**, compte dix grandes cuves d'eau de mer et quatre d'eau douce. C'est un monde que ce petit

Perche.

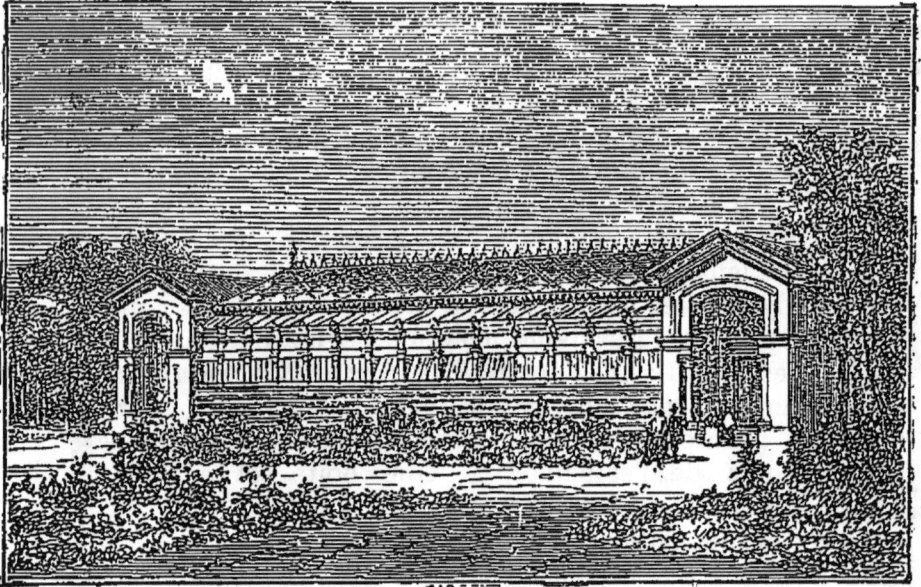

Vue de l'Aquarium

Océan où s'agitent les êtres les plus étranges, dont les mœurs nous sont pour la première fois révélées. Les *Pieuvres* promènent en tous sens leur huit tentacules et fixent le visiteur de leur œil vitreux, sans avoir l'air pourtant de s'émouvoir de sa présence. Les *crevettes* voltigent comme des papillons sur le devant des bacs et se poursuivent en bondissant sur le sable, formant des ballets fantastiques, auxquels leurs corps transparents donnent une apparence spectrale. Les *Bernard-l'Ermite* sont des Diogènes sybarites vivant dans un tonneau parfaitement approprié à leur taille, c'est-à-dire dans une coquille dont ils ont expulsé le légitime propriétaire. L'*Anémone parasite* se fixe sur la coquille habitée par le *Bernard-l'Ermite*, comme le vieillard de la mer sur les épaules de Sinbad, dans les contes des Mille et une Nuits.

Bernard l'Ermite et Serpules

Des *Hippocampes* ou *Chevaux marins* peuplent une des cuves et l'on distingue facilement les mâles à la poche abdominale où ils recueillent les œufs pondus par les femelles et abritent leurs petits comme des Kangurous. On peut voir les *Spinachies* ou les *Epinoches*

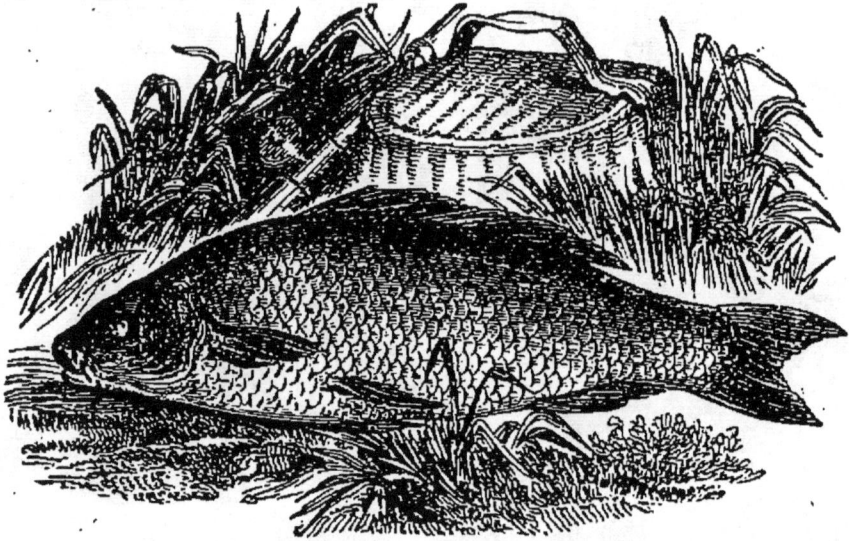

construire leur nid d'algues et de vase, tandis que les Macropodes ou les poissons arc-en-ciel de la Chine établissent à la surface du bac un plafond de bulles d'air au centre duquel ils déposent leurs œufs comme dans un radeau d'écume, et dont ils empêchent les jeunes de s'éloigner pendant les premiers jours. Si l'on examine le sol sablonneux de certains autres bacs on est tout surpris de le voir constellé d'yeux qui vous regardent en tous sens; ils appartiennent aux poissons plats tels que les Soles, les Plies, les Turbots, ensevelis dans une légère couche de sable, juste assez pour cacher le corps en laissant l'œil dépasser.

Plusieurs poissons s'apprivoisent d'une façon étonnante et connaissent leur gardien; telles sont particulièrement les Anguilles de mer et les Trigles qui viennent manger dans sa main et le reconnaissent quand il passe. Dans les vestibules qui précèdent

LES MÉMOIRES
D'UN DOMPTEUR

RÉDIGÉS

D'APRÈS LES SOUVENIRS PERSONNELS

DU CÉLÈBRE MARTIN

PAR

PIERRE-AMÉDÉE-PICHOT

DIRECTEUR DE LA *Revue Britannique*

Un Volume in-12 : Prix 3 fr. 50 c.

———

EN VENTE:

aux bureaux de la Revue Britannique

50 BOULEVART HAUSSMANN, 50

PARIS

———

REVUE BRITANNIQUE

REVUE INTERNATIONALE

POLITIQUE, SCIENTIFIQUE ET LITTÉRAIRE

Paris, un an: 50 fr ; Six mois: 26 fr 50 c.

BUREAUX D'ABONNEMENT

50, Boulevart Haussmann, Paris.

———

La *Revue Britannique*, qui entre dans sa 53ᵉ année, est le plus ancien périodique français. Aucun recueil n'est moins restreint dans les limites d'une spécialité; par le choix varié de ses articles de fond complétés par des correspondances mensuelles, la *Revue Britannique* tient ses lecteurs au courant du mouvement intellectuel du globe.

l'aquarium sont disposés des appareils de piscicul-
ture et d'ostréiculture, et derrière le bâtiment un parc
à grenouilles et l'on trouve la gigantesque *Grenouille-
bœuf* des Etats-Unis.

*
* *

En face de l'Aquarium est un grand parc qui entoure
le **chalet des antilopes**. Deux des espèces les plus

Chalet des Antilopes

remarquables sont les *Nylgaux*, dont S. M. le roi d'Italie
a obtenu la reproduction en grand dans le parc royal de la
Mandria, et qui d'ailleurs aujourd'hui vivent admirablement dans toutes les ménageries de l'Europe, et le *Canna*
ou antilope-élan du Cap, déjà acclimaté en Écosse,
comme animal de boucherie, dans le parc de lord Hill.
Vient ensuite le parc et le **chalet des cerfs** où l'on
distingue le grand *Cerf du Canada* ou *Wapiti*, le plus
grand cerf qui existe au monde. Le roi d'Italie en
posséde un très grand nombre, grâce à l'énergie et à
la persévérance de ses efforts pour l'introduire dans

La sortie du chenil.

les parcs royaux ; les *Axis de Siam*, si joliment tachetés de blanc, les *Cerfs des Molluques*, de *Bornéo*, de *Virginie* et le joli petit *cerf-cochon* de l'Inde, moins grand qu'un chevreuil complètent cette intéressante collection.

De l'autre côté du grand chemin, vis-à-vis des cerfs qui ne paraissent pas trop inquiets de ce voisinage cynégétique, se trouvent dans un **chenil** spacieux et bien aéré, divers représentants des plus belles races canines. Nous pouvons déjà signaler dans cet établissement, destiné à prendre une grande extension comme centre de reproduction et de propagation des types purs de toutes les races de chasse, d'utilité ou d'agrément, de forts beaux *lévriers*, des *dogues*, et des *donois* de taille colossale, des chiens des Pyrénées et du mont Saint-Bernard, des types de nos beaux *chiens courants* de Vendée, de Poitou, de Saintonge, des

braques et des *épagneuls* pour la chasse à tire, etc. L[e]
belles expositions de chiens, dont le Jardin d'Acclim[a]
tation a pris l'initiative, sont un sûr garant de la faç[o]
dont les types reproducteurs de cette nouvelle colle[c]
tion seront choisis.

* *

C'est au nord du Chenil que nous retrouvons [.]
rivière à son entrée dans le Jardin. En la traversan[t]
le promeneur se trouve revenu presque à s[o]
point de départ et peut visiter sur la droite, la **ser**[r]

HAMPAGNE MONTEBELLO

Les vins de Champagne, *Duc de Montebello*, sont iversellement reconnus d'une qualité supérieure leur réputation est depuis longtemps établie.

Pour bien conserver la mousse, on devra débal- les bouteilles à leur arrivée et les tenir couchées bonne cave sèche et froide.

Il est indispensable que les caisses ou paniers ient placés sur leurs fonds de manière à ce que le n reste toujours en contact avec le bouchon.

Pour être bien dégustés, ils ont besoin de quel- es jours de repos.

Trois Qualités sont livrées à la clientèle :

La 1re porte une étiquette carrée dite : CARTE ANCHE ;

La 2e une étiquette de même forme dite : CARTE EUE ;

La 3e une étiquette semi-circulaire à lettres d'or r fond noir dite : CORDON NOIR.

IMPORTANT :

us recommandons aux amateurs la 1re qualité : CARTE BLANCHE

s étiquettes des 1re et 2e qualités portent les armes de la maison.

Tous les bouchons portent la marque ci-dessus.

dresser : à MM. Alfred de MONTEBELLO & Ce
AU CHATEAU DE MAREUIL-SUR-AY (MARNE)

aux oiseaux. Le centre de ce bâtiment est occupé p
de grandes volières où s'ébattent mille espèces volati
diverses, depuis les *perroquets* et les *cacatois* jusqu'a
bengalis et aux *oiseaux diamants*. C'est une cac
phonie de chants variés se croisant dans l'air,
éblouissement de plumages scintillants se querella
sur les perchoirs.

et que nous avons laissée au centre. Là sont grou
les palmipè des et les oiseaux d'eau proprement
les ravissants *canards de la Chine* et de la *Caroli*

Mais pour compléter la promenade il reste à visi
la rivière qui partage le jardin en deux parties éga

Canard Mandarin

les *cygnes* blancs, noirs et à col noir, les diverses races de *canards domestiques* et les *oies* de ferme. Puis la rivière s'élargit en forme de **lac** en face de la pelouse des grandes écuries. Là, sur une belle nappe d'eau, vivent en bonne harmonie toutes les espèces de *canards sauvages*, les *tadornes*, les *milouins*, les *siffleurs*, les *sarcelles*. Le grand *pélican blanc* règne en maître au milieu de tous ces palmipèdes. On lui donne à manger à 3 heures tous les jours, mais il faut une hécatombe de poissons pour apaiser la faim de cet ogre en plumes.

*
* *

C'est sur la rive gauche de la rivière que l'on trouve le Kiosque des concerts, très-jolie construction en fer forgé qui sort des ateliers de M. Méry-Picard.

Les concerts ont lieu les jeudis et dimanches depuis le mois d'avril jusqu'à la fin d'octobre, de 3 à 5 heures de l'après-midi. L'orchestre, composé de 60 artistes distingués, fait le plus grand honneur à son chef M. Mayeur (de l'Opéra), qui l'a créé et le dirige, depuis six ans déjà, avec autant de goût que de talent.

PIERRE-AMÉDÉE PICHOT

Vue générale du Jardin zoologique d'Acclimatation

TYP. BOUZIN-CÉSAR FRÈRES, AV. DE NEUILLY, 117

HOMMES

Bottine TUCKER claq. veau...	**15 50**	**Bottine veau,** cambrée, cousue.	**15 50**	

Bottines tiges mégis, claq. veau........	**15 50**	
Bottines veau, armurées acier, *article spécial*...	**16 75**	
Bottines tiges mégis, claq. veau, doubles semelles cousues..............	**18**	»
Bottines chevreau, bout verni, pour *visites* et *cérémonies*........	**20**	»
Bottines chevreau, cambrées, *forme nouvelle*...	**20**	»
Bottines satin anglais, claq. chevreau, boutons simulés (article extra-fin)........	**22**	»
Bottines tiges chevreau, claq., vernies........	**20**	»
Bottines tiges drap, claq. veau, doubles semelles cousues...........	**18**	»

AFFAIRE HORS LIGNE

Souliers vernis escarpins, à talons, cousus....	**9 95**	

Souliers anglais lacés, dessus en veau, article très-solide...............	**12 95**	

COMMANDES SUR MESURE — ATELIER DE RÉPARATIONS

DAMES

SOULIERS POUR LE JARDIN ET LA CAMPAGNE

Souliers dit **FUREUR**, toile à voile grise, genre Louis XV, avec très-joli ruban nouant sur le coude-pied. **5 95**

Souliers RICHELIEU, toile à voile (*deux nuances*), à talons, genre Louis XV, avec doubles nœuds en ruban assorti. **6 95**

| ARTICLE EXCEPTIONNEL |  | Comme prix et comme élégance |

Souliers CHARLES IX, toile à voile, nœuds en ruban assorti, talons genre Louis XV . . . **7 95**

OCCASION EXCEPTIONNELLE

Pantoufles coutil cousues, bordure fantaisie. **2 95**

ENFANTS ET FILLETTES

Souliers vernis noir et couleurs cousus. . . **2 95**

Souliers chevreau noir et couleurs cousus. . . **3 95**

Bottines feutre noir et couleurs. **2 95**

Bottines étoffe claquées, verni, cousues . . **4 95**

Bottines véritable chevreau, cousues . . . **5 95**

Bottines véritable chevreau, cousues, claquées, verni, doubles semelles fortes. **6 95**

CHAUSSURES **TUCKER, 340,** RUE SAINT-HONORÉ

CHAUSSURES **TUCKER, 340,** RUE SAINT-HONORÉ
EN FACE LA RUE D'ALGER

DAMES

| Bottes | étoffe fantaisie cousues, empeigne chevreau glacé. . . . . | **12 95** |

AFFAIRE REMARQUABLE

| Bottes | chevreau, cambrure Louis XV, cousues, doublées soie, talon élégant.. | **15.50** |

Bottes	chevreau, cambrure Louis XV, cousues, doublées soie, talon élégant, qualité supérieure. .	**18 75**
Bottes	chevreau, véritable talon Louis XV.	**20 »**
Bottes	à barrettes, vrai talon Louis XV.	**22 »**
Bottes	étoffe fantaisie, empeigne chevreau glacé. .	**12 95**
Bottes	chevreau glacé, piqûres blanches (pour visites).	**20 »**

Chaussures pour Bains de Mer
Des soins particuliers ont été donnés à cet article par la **Maison TUCKER** *pour le rendre solide et imperméable.*

Bottes	**TOILE A VOILE** et cuir jaune *extra solide,* lacées sur le coude-pied (système nouveau). .	**8 95**
Bottes	**TOILE A VOILE** et cuir jaune *extra solide,* lacées sur le coude-pied (syst. nouv.), qual. extra.	**12 95**
Souliers	**BAINS DE MER,** même genre que les bottes.	**8 95**

GRAND CHOIX DE BOTTES A TRIPLES SEMELLES ET SEMELLES LIÉGE
ASSORTIMENT SPÉCIAL DE TALONS BAS

CHAUSSURES **TUCKER, 340,** RUE SAINT-HONORÉ

CE QU'IL Y A DE PARTICULIER

DANS LES

CHAUSSURES TUCKER

———◦═◉═◦———

Voilà vingt ans que je suis fabricant de chaussures. Et je puis dire que, pendant ce temps, j'ai manié des pieds de toutes les formes, de tous les sexes, de tous les mondes. Voilà vingt ans que j'observe, que j'analyse, et je le déclare en vérité, tout ce que j'ai constaté en fait de cors, callosités de la plante, oignons, déformation des orteils, est attribuable à qui? *Aux Cordonniers!*

Pas plus que les mains, les pieds ne devraient être malades. Appropriés par leur forme et par leur construction aux besoins de l'homme, il ne faut qu'un peu de soin pour que le délicat mécanisme soit toujours en bon état. Vingt-huit os, et autant de jointures, ont été réunis par le Créateur dans un but déterminé : et l'homme renferme cet ingénieux arrangement de cent quarante-quatre os, jointures, muscles, cartilages, veines et artères dans *une misérable paire de bottines* qui, au lieu de garantir les pieds, ne sont le plus souvent que la cause première de douleurs cuisantes et de résultats déplorables.

J'ai soigneusement étudié la question, et j'ai découvert que le mal ne provient pas des chaussures en elles-mêmes, bien qu'elles soient souvent ou trop longues, ou trop courtes, ou trop étroites ; le mal existe pourtant, et c'est dans *la forme* qu'il faut le chercher.

C'est pourquoi j'ai *modifié la forme* de ma chaussure de manière à joindre le *confortable* à *l'élégant*.

La coupe particulière que j'ai su donner à ma chaussure me met à même de pouvoir chausser tout le monde et de remplir *consciencieusement* le but que je me suis proposé, c'est-à-dire que, quel que soit le prix qu'on mette à une paire de bottines, on puisse trouver chez moi une forme *élégante* et surtout *confortable* sans être obligé pour cela de se chausser ou trop grand ou trop petit.

La **Chaussure Tucker** a obtenu, dès le début, un succès qui n'a cessé de s'affirmer. Elle est universellement connue et appréciée pour être, malgré la modicité de prix, **la meilleure Chaussure** que l'on puisse produire.

La faveur d'une visite permettra d'apprécier et de constater la SUPÉRIORITÉ et les **avantages réels qu'offre la Maison TUCKER.**

Paris-Imp. LE FLAMET, des du Caire. 87-89.

LIBRAIRIE SPÉCIALE

DU

JARDIN ZOOLIGIQUE D'ACCLIMATATION

DU BOIS DE BOULOGNE

PARIS

....

**La Librairie spéciale du Jardin Zoologique d'acclimation,
placée à l'extrémité du grand Jardin d'hiver,
est ouverte tous les jours au public.**

ON Y TROUVE LA COLLECTION DES OUVRAGES TRAITANT DE

L'ACCLIMATATION,

DE LA DOMESTICATION, DE L'ÉLEVAGE ET DE LA CULTURE

DES ANIMAUX ET DES PLANTES.

....

Tous les achats faits à la librairie du Jardin d'Acclimatation du Bois de Boulogne sont portés à domicile à Paris par les voitures de l'établissement.

Pour la province, toute commande au-dessus de 20 francs est envoyée *franco* de port. Toutes les demandes doivent être accompagnées d'un mandat sur la poste en soldant le montant.

La librairie du Jardin d'Acclimatation est à même de procurer sans augmentation de prix les ouvrages qui lui seraient demandés et qui ne figureraient pas dans ce catalogue.

....

Les Membres de la Société d'Acclimatation ont droit à UNE REMISE DE 10 0/0 sur le prix des livres portés sur ce Catalogue.

PROMENADE

AU

JARDIN ZOOLOGIQUE

d'ACCLIMATATION

Prix 15^c

www.ingramcontent.com/pod-product-compliance
Lightning Source LLC
Chambersburg PA
CBHW050559210326
41521CB00008B/1034